Energia regenerabilă este energia care provine din resursele naturale cum ar fi lumina soarelui, vântul, ploaia, mareele, şi căldura geotermală, toate acestea fiind regenerate automat (pe cale naturală).

În 2008, circa 19% din consumul total de energie al planetei a provenit din energiile regenerabile, grosul de 13% fiind obţinut din biomasa tradiţională, care a fost utilizată în principal pentru încălzire, iar 3.2% a provenit din hidroelectricitate.

Restul de 2,7% a fost obţinut prin metode moderne ca (micro hidrocentrale, biomasă modernă, vânt, soare, geotermal, biocombustibili, etc), dar toate aceste energii regenerabile moderne sunt într-o permanentă şi rapidă creştere.

În cadrul energiei globale, cea electrică reprezintă circa 18%, fiind obţinută în principal prin hidrocentrale (15%), iar restul de 3% prin noile energii regenerabile. Această carte doreşte să propună noi metode de obţinere a energiilor regenerabile.

După 1950 au început să apară uzine nucleare pe fisiune. Energia de fisiune nucleară a reprezentat un rău necesar. Ea a reuşit să lungească viaţa petrolului şi să

Florian Ion Petrescu & Relly Victoria Petrescu

PERSPECTIVE ENERGETICE GLOBALE

-USA 2011-

Scientific reviewer:

Dr. Veturia CHIROIU
Honorific member of
Technical Sciences Academy of Romania
(ASTR)
PhD supervisor in Mechanical Engineering

Copyright

Title: Perspective energetice globale

Authors: Florian Ion PETRESCU, Relly Victoria Petrescu

© 2011, Florian Ion PETRESCU

petrescuflorian@yahoo.com

ISBN 978-1-4681-3082-9

prevină o criză energetică globală foarte gravă.

Chiar şi aşa, energia obţinută din hidrocarburi (petrol, cărbune, gaze, biomasă) reprezintă aproximativ 66% din totalul de energie produsă şi utilizată astăzi la nivel mondial.

Dacă menţinem acest nivel de producţie şi consum petrolul se va epuiza în circa 40 ani.

Pe de altă parte, astăzi, producţia de energie nucleară (superioară), bazată pe fuziune nucleară, nu este încă perfect pusă la punct (deşi studiile se află într-un stadiu foarte avansat).

Însă timpul trece repede. Trebuie să ne grăbim să implementăm şi să dezvoltăm noile energii regenerabile deja cunoscute, dar şi noi posibile energii regenerabile. În aceste condiţii, prezenta lucrare vine să propună noi posibile surse de energii regenerabile.

PARTEA I

1. INTRODUCERE

Dezvoltarea energiei reprezintă efortul de a furniza suficiente surse de energie primară şi secundară, forme energetice necesare pentru aprovizionare, stabilirea costurilor, impactului asupra poluării atmosferice şi a apei, cât şi eforturile de atenuare a schimbărilor climatice cu ajutorul surselor de energie obţinute din surse regenerabile.

Societăţile avansate tehnologic au devenit din ce în ce mai dependente de sursele externe de energie pentru transport, producţia de bunuri fabricate şi furnizarea de servicii energetice. Această energie permite persoanelor care îşi pot permite costul de a trăi în condiţii climaterice nefavorabile prin utilizarea de încălzire, răcire, ventilaţie, şi / sau aer condiţionat.

Toate sursele de energie terestră, cu excepţia celor nucleare, geotermale şi a mareelor, sunt direct sau indirect, de provenienţă solară.

Energia plantelor este tot de provenienţă solară.

Vântul şi curenţii marini sunt strâns legate de energia solară.

Chiar şi energia solară, provine ea însăşi din energie de fuziune produsă în soare.

Energia geotermală îşi are originea din apele termale, care la rândul lor îşi extrag căldura din magma vulcanică, din străfundurile scoarţei terestre. Se presupune că şi magma este produsă (încălzită practic) tot din reacţii nucleare de fisiune spontană a unor elemente din interiorul planetei.

Aceste elemente s-au produs în mare parte chiar din perioada formării sistemului nostru solar.

Energia obţinută din centrale eoliene (de vânt) a căpătat acum o rată de creştere semnificativă de 30% anual, având deja în anul 2009 o putere globală instalată de 158 gigawat, fiind utilizată cu precădere în Europa, Asia, şi Statele Unite ale Americii.

La sfârşitul lui 2009 puterea fotovoltaică globală obţinută a depăşit uşor 21 GW fiind mai concentrată în Germania, Spania şi USA.

Cea mai mare centrală energetică geotermală a lumii este „Geysers" din California, cu o putere instalată de 750 MW.

Brazilia are unul dintre cele mai mari programe de utilizare a energiilor regenerabile din lume, constând în producerea de combustibili de tip etanol extras din zahăr, reprezentând circa 18% din combustibilii auto mondiali.

Etanolul la automobile se foloseşte dealtfel în mod curent în cantitate mare în toată America, inclusiv în USA unde e utilizat sub formă de component procentual al unor amestecuri de combustibili bine preparate şi dozate.

În timp ce multe proiecte de energie regenerabilă sunt utilizate la scară largă, unele tehnologii regenerabile sunt de asemenea (mai) potrivite pentru zonele rurale şi cele îndepărtate, în cazul în care energia este adesea crucială în dezvoltarea umană.

La nivel global, se estimează că circa 3 milioane de gospodării primesc energie astăzi de la mici sisteme solare (PV).

Micro-hidro sistemele configurate pentru localităţile mici de provincie deservesc deja foarte multe arii din toată lumea, şi se extind în continuare (doar că acest potenţial energetic este limitat).

Peste 30 milioane de locuinţe rurale primesc deja energie (lumină, apă caldă şi căldură pentru gătit) de la sistemul cu biogaz. Sistemele cu biomasă sunt şi mai extinse pe întreaga suprafaţă a planetei, deservind astăzi circa 160 milioane gospodării.

2. TIPURILE PRINCIPALE DE ENERGII REGENERABILE CUNOSCUTE

o   2.1. Energia eoliană

o   2.2. Hidroenergia

o   2.3. Energia solară

o   2.4. Biomasa

o   2.5. Biocombustibilii

o   2.6. Energia geotermală

o   2.7. Energia mareelor

o   2.8. Hidrogen obţinut prin fotosinteză artificială

o   2.9. Energia de tip „Lumină neagră"

2.1. Energia eoliană (a vânturilor)

Curenţii de aer pot fi utilizaţi pentru a antrena turbine eoliene.

Turbinele de vânt moderne produc o putere situată între 600 kW şi 5 MW, cele mai utilizate devenind cele de 1.5–3 MW putere la ieşire, fiind mai simple constructiv şi mai potrivite pentru uzul comercial.

Puterea la ieşire a unei turbine eoliene obişnuite este o funcţie de viteza vântului la puterea a treia, astfel încât la creşterea vitezei vântului puterea generată de turbină creşte cu cubul vitezei eoliene, creşterea fiind spectaculoasă [1].

Se crede că potenţialul tehnic mondial al energiei eoliene poate să asigure de cinci ori mai multă energie decât este consumată acum. Acest nivel de exploatare ar necesita ca 12,7% din suprafața Pământului (excluzând oceanele) să fie acoperită de parcuri de turbine, presupunând că terenul ar fi acoperit cu 6 turbine mari de vânt pe kilometru pătrat. Aceste cifre nu iau în considerare îmbunătățirea randamentului turbinelor și a soluțiilor tehnice utilizate.

2.2. Hidro energia (energia apei)

Printre sursele de energie regenerabilă, centralele hidroelectrice au avantajul de a fi niște uzine fiabile care pot funcționa pe perioade lungi de peste 100 ani cu costuri de întreținere foarte mici.

Deasemenea, hidrocentralele sunt curate și au puține emisii poluante. Problema lor este că au o capacitate limitată (puterea hidroelectrică maximă dată de o apă curgătoare este limitată la o valoare care odată atinsă nu mai poate fi depășită).

2.3. Energia solară

Panourile solare fotovoltaice generează electricitate prin captarea energiei fotonilor veniți de la soare și înmagazinarea ei în electroni liberi, producându-se astfel un curent electric. Randamentul conversiei energiei fotonilor în electroni activi, a început cu 4% și a progresat și stagnat mulți ani la nivelul de 14-20%.

De câțiva ani s-a atins circa 43% (deocamdată numai la nivel de cercetare științifică).

Echipa lui Strano a reușit un miraculos 87%, și lucrează acum pentru obținerea unui randament al conversiei de 99%.
Antena nanotub a echipei lui „Strano" mărește numărul de fotoni, care pot fi capturați și

transformă lumina în energie ce poate fi canalizată apoi într-o celulă solară.

Antena constă dintr-o frânghie fitil formată din mai multe fire (fibre) de aproximativ 10 microni (10 milionimi de metru) lungime şi patru micrometri grosime, care conţine aproximativ 30 milioane de nanotuburi de carbon.

Echipa Strano a construit pentru prima dată, o fibră formată din două straturi de nanotuburi cu proprietăţi electrice diferite.

În orice material, electronii pot exista la niveluri diferite de energie. Când un foton loveşte suprafaţa antenei, el excită un electron ducându-l la un nivel energetic mai ridicat (specific materialului utilizat). Interacţiunea dintre electronul excitat şi golul lăsat în urma lui, se numeşte „un exciton", iar diferenţa energetică dintre nivelul energetic actual al electronului excitat şi nivelul lui energetic anterior este cunoscută ca „decalajul de bandă".

Stratul interior al antenei conţine nanotuburi cu un mic decalaj de bandă, iar stratul exterior al ei are nanotuburi cu un decalaj de bandă mai mare. Acest lucru este important, deoarece excitonii pot curge doar de la o energie mai mare către una mai mică. În acest caz, excitonii curg dinspre stratul exterior către cel interior, unde ei pot rămâne (exista) într-o stare energetică de nivel energetic mai scăzut (dar încă excitat).

Prin urmare, atunci când energia luminii loveşte materialul, toţi excitonii curg către centrul fibrei, unde sunt concentaţi.

Strano şi echipa sa încă nu au construit un dispozitiv fotovoltaic la care să utilizeze antena, dar intenţionează să o facă. Într-un astfel de dispozitiv, antena ar concentra fotonii înainte ca celula fotovoltaică să-i convertească într-un curent electric. Acest lucru ar putea fi realizat prin construirea antenei în jurul unui nucleu de materiale semiconductoare.

Interfaţa dintre semiconductor şi nanotuburi ar trebui să separe electronul de golul său, cu electronii colectaţi la un electrod atingând semiconductorul interior, iar golurile colectate la un electrod ce atinge nanotuburile. Acest sistem ar trebui apoi să genereze curent electric.

Randamentul unei astfel de celule solare ar trebui să depindă de materialele utilizate pentru electrozi, potrivit cercetătorilor ştiinţifici.

Costul altădată foarte mare al nanotuburilor de carbon a putut fi redus extrem de mult în ultimii ani de către companiile chimice din dorinţa consolidării capacităţii lor productive.

În viitor se va ajunge chiar ca nanotuburile carbonice să se vândă cu un ban jumătatea de kg, aşa cum s-a întâmplat cu polimerii.

La un asemenea cost adăugarea la o celulă fotovoltaică va deveni neglijabilă din punct de vedere a costului de fabricţie suplimentar.

În afară de problema actuală a costului, echipa lui Strano lucrează acum la minimizarea pierderilor de energie atunci când fluxul excitonilor curge prin fibră şi la generarea de excitaţii multiple pe foton [2].

În afară de panourile solare fotovoltaice, se mai folosesc şi panouri cu ţevi prin care circulă apă care se încălzeşte de la soare.

Plecând de la acest principiu s-au construit fermele solare cu turn, care în principiu au un turn înconjurat de multe oglinzi parabolice.

Oglinzile reflectă energia luminoasă concentrată primită de la soare focalizând-o toate pe o zonă a turnului unde se află un cazan cu apă sau alt lichid (agent) care este supraîncălzit şi care va acţiona o turbină cu aburi care va mişca un generator electric (sau un grup stirling-generator electric).

2.4. Biomasa

Biomasa este o energie regenerabilă deoarece energia conţinută de ea provine practic de la soare. În cadrul procesului de fotosinteză, plantele captează energia soarelui pe care o convertesc şi o stochează. Când plantele sunt arse, ele eliberează energia captată de la soare.

Biomasa este un fel de baterie de energie construită din plante. Plantele stochează energie naturală pentru o vreme, eliberând-o apoi la arderea lor.

2.5. Biocombustibilii

Biocombustibilul lichid este de obicei fie un bioalcool (cum ar fi bioetanolul, sau biometanolul) fie un ulei (cum ar fi biodieselul).

Bioetanolul este un alcool fabricat prin fermentarea zahărului.

Cu ajutorul tehnologiilor actuale biomasa celulozică (cum ar fi copacii, iarba, trestia, papura, algele marine) poate fi folosită pentru producţia de etanol (sau ulei vegetal) [3].

2.6. Energia geotermică

Energia geotermală este mai aproape de suprafaţă în unele zone decât în altele.

Apa fierbinte sau aburul care ţâşnesc din pământ în unele locuri, pot fi utilizate pentru obţinerea de căldură sau energie electrică.

Astfel de surse energetice există doar în anumite părți ale planetei, cum ar fi Chile, Islanda, Noua Zeelandă, USA, Filipine, Italia, Romania, etc.

Energia geotermală deci este energia obținută prin utilizarea surselor de căldură ieșite din pământ, ele putând fi scoase prin foraje la adâncime medie sau foarte mare în scoarța Pământului, sau în unele locuri de pe glob de la numai câțiva metri adâncime.

Uneori însă această energie țâșnește singură din scoarța terestră nemaifiind nevoie de forare.

Pentru a construi o stație de putere costurile sunt destul de ridicate, dar costurile de întreținere și exploatare sunt reduse compensând apoi cheltuielile inițiale.

Trei tipuri de centrale (uzine) electrice sunt folosite pentru a genera energie de la energia geotermală: cu abur uscat, rapidă și binară.

Metoda aburului uscat, este o uzină care folosește direct numai aburul ieșit din pământ pentru acționarea unor turbine care rotesc generatoare electrice.

Uzina de tip rapid (bliț) ia cu tot apa caldă care iese din pământ, de obicei la temperaturi de peste 200° C, și îi permite să fiarbă imediat ce se ridică la suprafață pentru a o separa în abur și apă fierbinte în separatoare, rulând apoi numai aburul printr-o turbină cu abur, ce acționează generatorul electric.

În instalațiile binare, apa caldă curge prin schimbătoare de căldură, cedând energia termică unor fluide organice care vor acționa apoi turbina.

Se mai obijnuiește uneori (la toate cele trei tipuri de uzine) să se reinjecteze în sol (înapoi în roca fierbinte) apa caldă reziduală (scursă în urma proceselor obţinute) pentru a menţine şi chiar ridica şi mai mult temperatura zonei şi implicit a apei şi aburilor care ies din sol.

Islanda a produs în anul 2000 spre exemplu o putere geotermală de 170 MW, cu care a reuşit să-şi încălzească 86% din totalul său de locuinţe.

Există, de asemenea, potenţialul de a genera energia geotermală din roci fierbinţi şi uscate.

Găuri de cel puţin 3 km adâncime sunt forate în pământ.

Prin unele dintre aceste orificii se pompează apă în pământ, iar prin altele ţâşneşte apa încălzită.

Mai multe companii din Australia utilizează acest mod de extragere de energie din rocile calde uscate.

O idee ar fi să se construiască (să se introducă) în zonele cu roci fierbinţi şi uscate direct conducte rezistente prin aceste roci, prin care să fie apoi pompată apă, care va intra rece şi va ieşi caldă. Apa caldă va fi utilizată în schimbătoare de căldură, după care va fi din nou recirculată.

Un procedeu similar ar putea fi încercat şi în zonele deşertice, ziua, când căldura nisipului încins de soare este foarte mare, conductele cu apă fiind introduse prin nisipul fierbinte de la suprafaţa pământului pe zone cât mai întinse.

Ţevile prin care circulă apă fierbinte pot fi trecute în anumite puncte prin schimbătoare de căldură. Căldura preluată poate fi utilizată pentru obţinerea de energie electrică pe cale chimică, sau utilizând motoare termice cu ardere externă, cu aburi ori de tip stirling, care vor acţiona apoi nişte generatoare electrice de curent alternativ polifazat.

2.7. Energia mareelor

Energia mareelor poate fi extrasă din mareele provocate de gravitaţia lunii în anumite locuri şi momente, introducând o turbină de apă într-un curent format de maree, sau prin construirea de baraje care admit sau eliberează apă printr-o turbină.

Turbina antrenează un generator electric, sau un compresor de gaz, care poate stoca apoi energia atât cât e necesar.

Mareele de coastă sunt o sursă de energie curată, gratuită, regenerabilă şi durabilă, însă limitată cantitativ.

2.8. Hidrogen obţinut prin fotosinteză artificială

Fotosinteza artificială este un domeniu de cercetare care încearcă să imite artificial procesul natural de fotosinteză, prin convertirea energiei solare, a apei şi dioxidului de carbon, în carbohidraţi şi oxigen.

Uneori, disocierea apei în hidrogen şi oxigen, prin utilizarea energiei luminii solare este, de asemenea, menţionată ca fotosinteză artificială.

Actualul proces care permite ca jumătate din reacţia fotosintetică globală să aibă loc este o foto-oxidare.

Aceşti ioni sunt necesari pentru reducerea dioxidului de carbon într-un combustibil.

Cu toate acestea, singura cale cunoscută pentru realizarea acestor reacţii este prin utilizarea unui catalizator extern, unul care poate reacţiona rapid, precum şi determina absorbirea fotonilor soarelui în mod constant.

Baza generală din spatele acestei teorii este crearea unei instalaţii artificiale tip sursă de combustibil.

Fotosinteza artificială este o energie regenerabilă, carbon-sursă neutră de combustibil, ce produce ori hidrogen, ori carbohidrați.

Ca atare, fotosinteza artificială ar putea deveni o sursă foarte importantă de combustibil pentru transport.

Spre deosebire de biomasă, nu mai e nevoie de teren arabil și de timpul de creștere a biomasei.

Deoarece faza de lumină independentă a fotosintezei fixează dioxidul de carbon atmosferic, fotosinteza artificială ar putea deveni un mecanism economic de sechestrare a cabonului, reducând atât procentul de CO_2 din atmosferă, cât și efectul de încălzire globală, și producând și stocând totodată pe termen indefinit combustibil bazat pe carbon.

2.9. Energia Luminii Negre

Începând din 1986, Dr. Randell L. Mills a dezvoltat teoria luminii negre.

În 1989, era gata patentul original, cu concluziile teoretice publicate.

În 1991, Dr. Mills a fondat corporația „Energia hidrocatalitică", pentru a urmări dezvoltarea și comercializarea noii forme de energie.

În 1996, numele companiei a fost schimbat în „Energia Luminii Negre".

Bazată pe legile fizice naturale, această teorie prezice existența unor nivele energetice adiționale ale atomului de hidrogen, nivele de energie mai scăzută care însă nu sunt atinse în mod obijnuit.

Ele nu sunt în general atinse deoarece tranziția către aceste nivele energetice nu este direct asociată cu emisia spontană de radiație a unui atom de hidrogen normal, atâta timp cât atomii de hidrogen de energie foarte scăzută (numiți hidrini), nu sunt stabili în stare izolată.

Atomii de hidrogen pot atinge această stare de izolare instabilă, de radiație scăzută energetic, printr-un transfer de la un atom vecin, ion, sau combinație de ioni având capacitatea de a absorbi energia necesară pentru efectuarea tranziției.

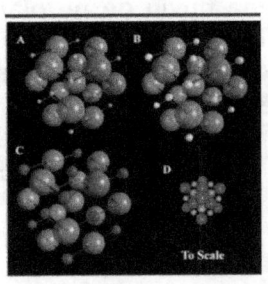

Conform acestei teorii, atomii de hidrogen pot fi obligați să efectueze această tranziție, cu eliberarea de energie.

Se prevăd etape succesive de tranziție a atomului, care vor elibera energii mult superioare celei obținute prin arderea hidrogenului (sau celei necesare pentru disocierea apei).

3. NOI METODE DE OBȚINERE A ENERGIEI

3.1. Uzine hidroenergetice submarine în viitor

LONDRA: Un fluviu mare submarin curgând pe fundul Mării Negre a fost descoperit de oamenii de știință – descoperire ce vine să explice posibilitățile existenței vieții submarine la mare adâncime în Marea Neagră, prin regenerarea substanțelor vitale prin curenții submarini formați de acest uriaș fluviu.

Se estimează că dacă ar curge la suprafață el ar fi al șaselea fluviu de pe planetă ca mărime (lungime și debit).

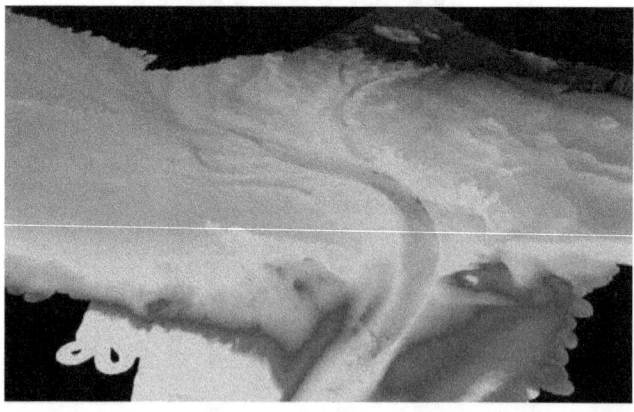

El ar fi de circa 350 ori mai mare decât Tamisa.

Fluviul submarin are în unele locuri o adâncime de peste 115 m, praguri și cascade, asemenea unui mare fluviu terestru.

Oamenii de ştiinţă de la Universitatea din Leeds, folosind un submarin modern, robotizat şi complet automatizat, au studiat fluviul pe tot parcursul său, urmărind canalele sale (albia sa), malurile sale, zonele inundabile, constatând că apa sa este mult mai sărată decât restul apei din Marea Neagră.

Acest fluviu uriaş porneşte din Mediterana spre Marea Neagră şi traversează Bosforul, originea sa bazându-se pe diferenţa de salinitate, aceasta fiind tot mai mică mergând dinspre Mediterana spre Marea Neagră.

Instalarea unor turbine speciale care generează electricitate în râul subacvatic ce curge de-a lungul părţii de jos a Mării Negre, ar putea aduce pentru Europa o cantitate mare de energie ieftină şi curată, regenerabilă, sustenabilă, cu eforturi mici de întreţinere.

3.2. Obţinerea de energie utilizând motoarele Stirling (de tip alfa)

Putem utiliza motoarele Stirling de tip alfa pentru obţinerea de energie utilizând două locaţii apropiate cu diferenţe de temperatură între ele, cum ar fi spre exemplu solul şi subsolul. Metoda poate avea un randament mai bun cu atât mai mult cu cât diferenţa de temperatură dintre cele două zone apropiate este mai mare.

Se poate utiliza zona deşertică unde temperatura exterioară a solului ziua este mult mai mare decât cea interioară.

23

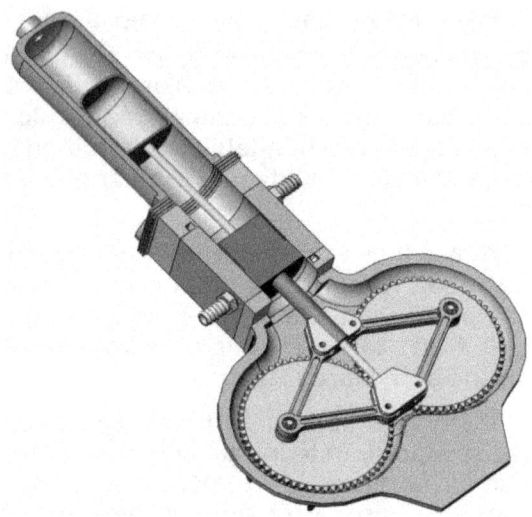

Sau putem folosi eventual zonele polare unde temperaturile cresc de la suprafaţă spre adâncime.

3.3. Putem obţine energie din interiorul unui vulcan

Vom instala diferite conducte, serpentine, cazane, în interiorul unui vulcan, şi pompând prin ele apă rece, vom scoate în schimb apă caldă (sau fierbinte) la ieşire.

Din aceasta putem obţine energie termică şi sau electrică.

Nu trebuie practic decât să facem să circule apa prin nişte instalaţii ce sunt trecute prin interiorul vulcanului.

Se va introduce un lichid (agent) rece şi vom obţine unul cald la ieşire (fierbinte).

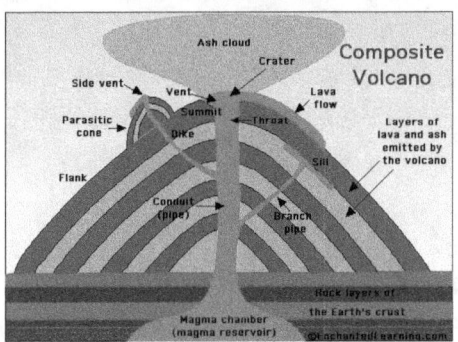

Dificultatea nu va consta atât de mult în introducerea ţevilor, cât în calitatea materialelor din care vor fi confecţionate pentru a rezista un timp mai îndelungat.

E posibil ca şi întreţinerea instalaţiilor să pună iniţial unele probleme, însă acestea vor putea fi remediate pe parcurs.

3.4. Capturarea şi păstrarea energiei eliberate de un fulger

Fulgerul are o putere medie de $3000000000000W=3*10^{12}W=3*10^{9}kW=$ $3*10^{6}MW$ $=3*10^{3}GW=$ 3TW.

El se produce la suprafaţa planetei cu o frecvenţă reală de circa 300 de ori pe secundă.

Dacă am putea capta măcar unul din cele 300 fulgere, energia astfel obţinută ar fi de aproximativ 1-7 GJ/s=1-7 GWs/secundă, 1-7 GWh/oră=8760-61320 GWh/an=8,76-61,32 TWh/an.

Deci dacă am capta numai un fulger din trei sute de fulgere produse, energia stocată ar fi uriașă.

3.5. Extragerea energiei de repaus a electronului cu un dublu synchrotron

Putem extrage energia de repaus a electronului. Pentru o pereche electron pozitron, această energie este de circa 1 MeV. Un synchrotron de energie, (de radiație, de lumină, de fascicul), produce deliberat o radiație. Electronii sunt accelerați la viteze și energii foarte mari, în mai multe stagii, pentru a atinge succesiv o energie finală cât mai mare (tipic de ordinul GeV-ților), fără să aibă pierderi energetice prin emisii spontane (destul de frecvente la accelerarea circulară a electronilor la viteze foarte mari).

Dacă aceste emisii spontane de radiații s-ar datora transformărilor electronilor la viteze și energii foarte mari în fotoni, sistemul ar putea fi utilizat direct pentru captarea acestor energii, bilanțul energetic fiind pozitiv, în sensul obținerii unei energii mai mari la ieşire prin eliberarea energiei de repaus a electronilor.

În realitate avem pierderi energetice de radiaţii prin trecerea electronilor de pe un nivel energetic mai mare pe unul mai mic, şi poate doar întâmplător să aibă loc şi câteva anihilări (nesemnificative), astfel încât culegând la ieşire toate radiaţiile, am obţine abia energia consumată pentru accelerare şi nimic în plus (poate chiar şi ceva pierderi).

Dacă în schimb vom folosi două acceleratoare de particule similare, unul accelerând electroni, iar celălalt pozitroni, iar la un anumit nivel energetic (testat) i-am ciocni, ar avea loc reacţia de anihilare a unui electron cu un pozitron, din care s-ar obţine în plus circa un MeV de energie pentru fiecare pereche anihilată.

De data aceasta bilanţul energetic ar fi total pozitiv la ieşire, şi putem vorbi de o reacţie controlată de obţinere a energiei din interiorul materiei, reacţie care nu a mai fost utilizată până acum şi nici imaginată cel puţin.

Pe de altă parte anihilarea se poate petrece şi la energii medii, sau chiar scăzute, (se vor face teste speciale pentru a vedea la ce viteze se obţine numărul maxim de anihilări) astfel încât pericolul emisiilor energetice spontane premature nici nu va mai exista.

Cu un debit de 10^19 particule/s am obţine circa 14 GWh/an dacă toate ciocnirile ar avea loc şi s-ar termina fiecare din ele cu câte o anihilare.

Dacă doar jumătate din ele vor fi reuşite vom putea obţine oricum în jur de 7 GWh/an.

Cu un sistem modern care creşte debitul de 1000 ori (10^22p/s), energia obţinută anual ar putea atinge uşor 7-12 TWh.

Cu 1000 de astfel de sisteme am avea toată energia necesară întregii omeniri.

Dacă sistemul va fi perfecţionat în continuare crescând debitul de particule de încă 1000 ori până la nivelul de (10^25 p/s), atunci un singur astfel de sistem ar genera toată energia necesară întregii planete, fără riscuri, fără reziduuri nucleare, fără necesitatea utilizării unor combustibili, şi cu costuri minime de întreţinere (acestea ar scădea de 10000 de ori, reducând preţul energiei obţinute de 10000 ori, putând considera această energie că este practic gratis, chiar şi cu costurile de întreţinere incluse, fiind totodată regenerabilă, inepuizabilă, sustenabilă, fiabilă, curată, uşor controlabilă, şi fără riscuri).

Debitul particulelor se poate mări prin creşterea numărului de particule pe un puls, şi sau prin creşterea numărului de pulsuri pe minut.

3.5.1. OBŢINEREA DE ENERGIE PRIN PROCESELE DE ANIHILARE DINTRE UN ELECTRON ŞI UN POZITRON SAU DINTRE UN PROTON ŞI UN ANTIPROTON (PREZENTAREA UNOR STUDII DE CAZ)

Noţiuni de bază despre obţinerea de energie, regenerabilă, curată, prietenoasă, mai ieftină, de anihilare (De exemplu prin anihilarea unui electron cu un anti electron, vezi figura de mai jos).

Electronul şi pozitronul se obţin prin extragerea lor din atomi; extragerea consumă o cantitate neglijabilă de energie (câţiva keV). Apoi, cele două particule sunt aduse una lângă cealaltă (sau ciocnite); se produce fenomenul de anihilare, când masa de repaus se transformă total în energie (fotoni gama).

Apar fotoni gama, atâția cât sunt necesari pentru a prelua energia totală a electronului și pozitronului (energia de repaus plus cea cinetică); de obicei se obțin doi sau trei fotoni gama (când avem o anihilare joasă, și anume două antiparticule cu energie scăzută, fiecare din ele având o energie cinetică mică peste energia de repaus, atunci când particulele nu sunt accelerate sau sunt accelerate foarte puțin), dar putem obține mai multe particule atunci când avem o anihilare înaltă (și anume atunci când particulele sunt energice ele fiind puternic accelerate înainte de a fi ciocnite).

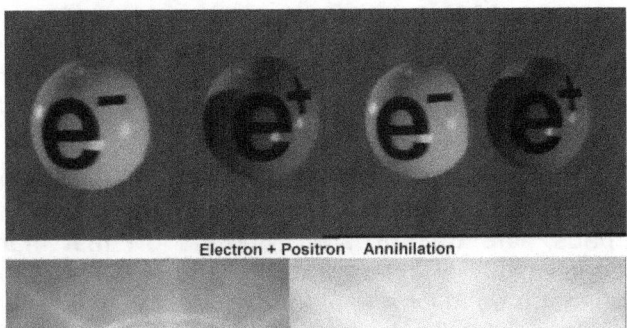

Electron + Positron   Annihilation

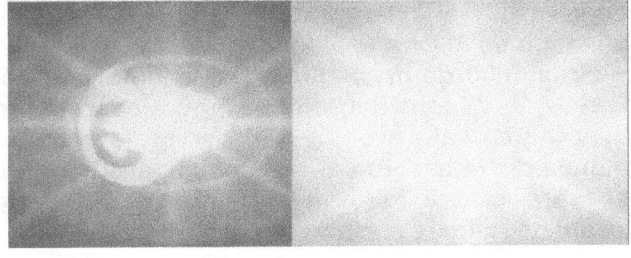

Procesul de anihilare dintre un electron și un pozitron

Energia de repaus a unei perechi electron-pozitron depăşeşte cu puţin un (1) MeV (cea ce reprezintă o energie foarte mare pentru nişte particule atât de mici, energie comparabilă cu cea obţinută prin fuziunea a două particule cu masa de aproape 2000 de ori mai mare).

Acesta este primul mare avantaj al noii metode propuse care extrage toată energia de rapaus a particulei prin anihilare, în vreme ce în cazul obţinerii de energie prin metoda cea mai eficientă imaginată (cunoscută) până acum (fuziunea la cald sau la rece), se extrage doar cel mult o miime din masa de repaus a particulei (practic, numai diferenţa de energie dintre energia lor când sunt libere şi cea atunci când sunt unite, numită discrepanţă).

Am început cu perechea electron pozitron deoarece aceste particule micuţe se extrag cu uşurinţă din atomi (atomii regenerându-se apoi imediat pe cale naturală, fapt ce determină latura regenerabilă a energiei obţinute prin anihilări de particule).

Pasul următor va fi testarea anihilării unui proton cu un antiproton, deoarece masa lor de repaus este de aproape 1800 de ori mai mare decât cea a electronului sau pozitronului, obţinându-se în procesul lor de anihilare o energie de circa 1000 de ori mai mare, şi anume 1 GeV în loc de 1 MeV (considerând ca singura energie real obţinută pe cea a protonului, în vreme ce energia obţinută din antiproton ar putea compensa energia necesară creerii lui prin accelerarea la energii extrem de ridicate şi ciocnirea protonilor).

Comparaţia reală ar trebui făcută între energia obţinută prin fuziunea deuteriului şi tritiului şi procesul de anihilare a unui proton cu un antiproton. Va rezulta o diferenţă de energie de aproape 1000 de ori mai mare în favoarea procesului de anihilare.

Practic în acest fel se realizează visul de a extrage toată energia din interiorul materiei.

Un alt mare avantaj al metodei propuse este acela că nu rezultă în urma anihilării reziduuri radioactive sau de altă natură, şi nici nu se utilizează ca materii prime substanţe radioactive. Din acest proces se obţin numai fotoni gama şi eventual alte mini particule energetice. Procesul nu prezintă nici un pericol pentru oameni şi pentru mediul înconjurător.

Energia produsă este curată. Tehnologiile necesare sunt mult mai simple decât cele solicitate de reacţiile nucleare de fisiune sau de fuziune, fiind şi mai ieftine şi mai uşor de întreţinut.

Energia rezultată prin anihilări poate fi obţinută în cantităţi oricât de mari (teoretic nelimitate), ieftină, curată, sigură, verde, regenerabilă şi sustenabilă (natural), cu tehnologii mai simple şi mai uşor de întreţinut.

Putem extrage energia masei de repaus a unui electron. Pentru o pereche electron-pozitron această energie este de circa 1 MeV.

"Sincrotronul de radiaţii (sincrotronul sursă de lumină)" produce deliberat o sursă de radiaţii. Electronii sunt acceleraţi la viteze mari în mai multe etape pentru a atinge un final de energie (care este de obicei în intervalul GeV). Avem nevoie de două sincrotroane pentru acest proces. Unul care să accelereze electronii şi altul care să accelereze pozitronii. Antiparticulele vor fi apoi ciocnite, după ce au ajuns la un nivel energetic optim.

Toată energia va fi colectată la ieşirea din sincrotroane, imediat după ciocnirea antiparticulelor. Vom recupera energia de accelerare iar în plus se va obţine şi energia datorată anihilărilor (maselor de repaus) electronilor şi pozitronilor.

La un flux de 10^19 electroni/s putem obţine o energie de circa 7 GWh / an, chiar dacă se obţine un randament al ciocnirilor sub 50%. Acest debit foarte ridicat se poate obţine cu 60 pulsuri pe minut şi 10^19 electroni pe puls, sau cu 600 pulsuri pe minut şi 10^18 electroni pe puls, spre exemplu. Adică ca să putem micşora numărul de particule pe puls trebuie mărită frecvenţa pulsurilor. (Deocamdată e greu de obţinut un puls atât de încărcat cu acceleratoarele cunoscute).

Dacă am creşte încă debitul propus anterior de circa 1,000 de ori, s-ar obţine cu o astfel de instalaţie circa 7 TWh / an. Această energie ar putea completa energia obţinută prin fisiune nucleară, pentru ca împreună să înlocuiască treptat energia obţinută pe bază de hidrocarburi arse, deoarece rezervele de gaze şi mai ales cele de petrol tind să se epuizeze rapid (în câţiva zeci de ani).

Avantajele anihilării unui electron cu un pozitron, în comparaţie cu reactoarele nucleare de fisiune, sunt de eliminare a deşeurilor radioactive, a riscului de explozie şi de reacţie în lanţ. Energia obţinută din masa de repaus a antiparticulelor este mai uşor de controlat comparativ cu reacţiile de fisiune sau fuziune la rece sau la cald.

Nu mai este necesar combustibil radioactiv îmbogăţit (ca în cazul reacţiilor de fisiune), nu mai e nevoie de deuteriu, litiu sau neutroni acceleraţi (ca în cazul fuziunii la rece), sau de temperaturi şi presiuni enorme (ca în cazul fuziunii la cald), etc.

3.5.2. REZULTATE ŞI DISCUŢII

Cam câtă energie am putea obţine din interiorul materiei?

Einstein a arătat că dintr-un kg de materie putem obţine toată energia necesară întregii planete pentru un an întreg:

$$E = m.c^2 = 1[kg].(3.108)^2[(m/s)^2] = 9.10^{16}[j] = 2,5.10^{10}[KWh] = 2,5.10^7[MWh] = 2,5.10^4[GWh] = 25[TWh]$$

Am putea realiza acest lucru numai dacă am extrage absolut toată energia din interiorul materiei.

Prin reacţia de fuziune nucleară se extrage numai o mică parte din energia de repaus a particulei utilizate.

Această picătură de energie (1 / 1000 din masa energetică a unei perechi proton-neutron) se cheamă discrepanţă.

Pentru un kg de particule perechi proton-neutron, energia de fuziune este de aproximativ 1000 de ori mai mică decât energia masei de repaus totală a unui kg de materie (numai 29 [GWh] din energia internă totală de 25 [TWh]); şi asta considerând o reacţie cu un randament al fuziunilor realizate comparativ cu fisiunile realizate de 100% al reacţiei de fuziune care nu ar putea fi atins în realitate sub nici o formă.

Teoretic vorbind, putem extrage din interiorul materiei (prin reacţia de fuziune) doar cel mult a mia parte din energia sa (din masa sa energetică). Având în vedere şi randamentul reacţiei de fuziune, această energie obţinută este de fapt mult mai mică.

Prin reacţia de fisiune nucleară energia obţinută va fi practic încă şi mai mică.

Soluţia propusă prin lucrarea de faţă, obţinerea de energie prin anihilări de antiparticule, face posibilă realizarea cerinţei de a extrage energia întreagă din interiorul materiei.

Acest lucru se realizează practic prin aducerea unei perechi particulă-antiparticulă una lângă alta, la o distanţă suficient de mică de la care ele să se poată atrage reciproc şi anihila.

Pentru a creşte randamentul reacţiei de anihilare, (numărul de particule anihilate din totalul celor existente), putem accelera particulele şi antiparticulele după care să le trimitem într-o cameră pentru ciocnire şi anihilare la energii ridicate.

Dacă utilizăm electroni şi pozitroni pentru reacţia de anihilare, se va obţine energie purtată de fotoni de tip gama.

În acest caz pentru a preveni o posibilă decădere a fotonilor obţinuţi (desfacerea lor cu recompunerea de electroni şi pozitroni), pentru început antiparticulele utilizate trebuiesc ciocnite la viteze şi energii scăzute, pentru ca fotonii rezultanţi să aibă fiecare energii mici care să nu le permită disocierea prin recompunerea unui electron şi a unui pozitron.

La pasul imediat următor se vor testa energiile optime ale antiparticulelor utilizate pentru care se poate obţine un randament maxim al reacţiei de anihilare.

E necesar ca antiparticulele să se întâlnească pentru a se anihila reciproc şi să rezulte fotoni gama cât mai stabili.

4. CONCLUZII

Energia obţinută prin fisiune nucleară a reprezentat un rău necesar. Ea a prelungit viaţa hidrocarburilor şi a evitat o criză energetică majoră.

Chiar şi aşa, „în condiţiile unui adevărat război actual de înmulţire a energiilor alternative", (reacţia de fuziune nucleară controlată, la rece sau la cald, abia acum fiind „să zicem bine pusă la punct", deşi nu încă total), energiile obţinute prin arderea hidrocarburilor tot mai reprezintă 2/3 din total.

La o asemenea rată de utilizare petrolul se va epuiza în aproximativ 40 ani. Va trebui să ne grăbim cu implementarea tot mai largă a energiilor regenerabile.

Lucrarea prezentată aduce în discuţie câteva noi posibile surse de energie, unele ce-i drept „puţin cam exotice", din care selectând serios ne vom opri în mod special la cele propuse la paragrafele (3.5.) şi (2.9.).

Acceleratoarele de particule pe Pământ sunt abia la începutul vieţii lor şi deja prezintă o mulţime de utilizări (studiul particulelor elementare şi a fenomenelor nucleare, producerea de diverse particule pentru diferite domenii, unele utilizate şi în medicină, obţinerea de energie pentru întreaga planetă 3.5., dezvoltarea zborurilor reale în viitor [4], etc).

BIBLIOGRAFIE

[1]   EWEA Executive summary "Analysis of Wind Energy in the EU-25" (PDF). European Wind Energy   Association. http://www.ewea.org/fileadmin/ewea_documents/d ocuments/publications/WETF/Facts_Summary.pdf EWEA Executive summary. Retrieved 2007-03-11.

[2]   Massachusetts   Institute   of Technology (2010, September 13). Funneling solar energy: Antenna made of carbon nanotubes could make photovoltaic cells more efficient. Science Daily.   Retrieved   September   21,   2010,   from http://www.sciencedaily.com¬ /releases/2010/09/100912151548.htm

[3]   "Towards Sustainable Production and Use of Resources: Assessing Biofuels". United Nations   Environment   Programme.   2009-10-16. http://www.unep.fr/scp/rpanel/pdf/Assessing_Biofu els_Full_Report.pdf. Retrieved 2009-10-24.

[4]   Petrescu, F. New Aircraft. COMEC 2009, Braşov, ROMANIA, 2009.

PARTEA a II-a

La steaua care-a răsărit
E-o cale-atât de lungă,
Că mii de ani i-au trebuit
Luminii să ne-ajungă!

Poate de mult s-a stins cândva
În depărtări albastre,
Lumina ei abia acum
Lucii vederii noastre.

Icoana stelei ce-a murit
Încet pe cer se suie,
Era pe când nu se zărea,
Azi o vedem, şi ... nu e.

(Mihai Eminescu-La steaua)

OBŢINEREA DE ENERGIE DE ORIGINE EXTRATERESTRĂ

O variantă mult discutată ar fi obţinerea de energie concentrată captată direct de la soare şi transmiterea ei tot concentrată până la lună, după care ea ar urma să fie distribuită disipat pe pământ, pentru a nu ne pune în pericol.

Idea ar putea porni de la faptul că în preajma unei stele (a unui soare) energia emanată este extrem de mare, însă ea se transmite radial pe toate direcţiile la distanţe foarte mari, disipându-se tot mai mult odată cu depărtarea de sursa de origine.

Energia lângă soarele nostru este enormă iar pe pământ mai ajunge doar o fărâmă din ea. Chiar şi aşa dacă am capta doar câteva procente din toată energia disipată ce cade pe planeta noastră am avea tot necesarul vieţii de pe Terra şi chiar şi o rezervă suplimentară.

Problema este că randamentul captării ei pe pământ este oricum foarte mic din cauza diluării şi a împrăştierii ei.

Din aceste motive s-a gândit posibilitatea captării ei direct de la sursă.

Steaua Eta Carina emite şi lumină concentrată sub forma unor laseri uriaşi

În figura de deasupra se poate urmări imaginea (stilizată) a unei stele ultra energetice, Eta Carina, care emite lumină şi energie concentrată, la distanţe foarte mari, sub forma unor laseri naturali.

Dacă o stea poate să transmită cantităţi uriaşe de energie şi lumină naturală la distanţe foarte mari, concentrate, atunci şi noi putem face acest lucru, cu tehnologiile de care dispunem la ora actuală pe Terra.

Pentru început ne propunem să urmărim haloul solar (vezi figura următoare).

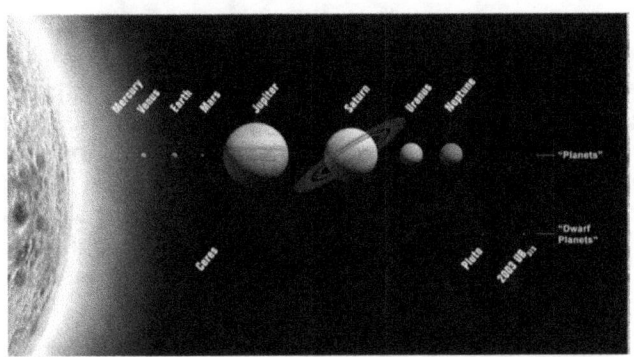

Haloul solar

În figură este prezentată o poză a halourilor solare din sistemul nostru.

Se vede clar că pe Terra mai ajunge doar cam al patrulea halou din punct de vedere al intensităţii sale.

Există şi un al cincilea halou şi mai disipat care abia mai atinge planeta Jupiter, şi se diluează foarte mult pe Saturn.

De la Uranus mai departe frigul şi întunericul sunt „stăpâne".

O eventuală colonizare şi teratizare ar putea fi gândită în viitorul apropiat cel mult pentru Jupiter şi Saturn, iar acum imediat putem începe deja să construim baze umane pe Marte şi Ceres.

Construcţia unui sistem de captare de energie concentrată direct de lângă soare şi de aducere a ei pe pământ ar putea fi realizată în mai multe variante.

Dat fiind faptul că planetele nu sunt în general aliniate pe o rază (ca în fotografia din figura 3), e mai bine pentru început să încercăm captarea de energie concentrată chiar pe un satelit artificial construit de noi, care să aibă o poziţie foarte apropiată de soare gravitând pe o orbită astfel aleasă încât să păstreze ciclul de gravitaţie al Terrei în jurul Soarelui (un an), satelitul menţinându-se permanent pe raza Soare-Terra.

El trebuie să fie rezistent la temperaturile foarte ridicate.

Satelitul va capta energie concentrată de lângă Soare şi o va transforma în LASERI puternici, pe care-i va proiecta (transmite) către un alt satelit artificial ce va gravita în apropierea pământului şi a Lunii.

Satelitul ce preia energia concentrată va avea fie rolul de a o redistribui diluată direct pe Terra prin mai multe canale sub formă de microunde, fie va retransmite energia tot concentrată pe Lună, urmând ca aici să fie stocată și apoi retransmisă sub formă diluată pe planeta noastră (Maseri multipli).

Satelitul de lângă Terra (care preia energia concentrată transmisă de celălalt satelit poziţionat lângă Soare) trebuie să fie situat cam tot pe raza Soare-Pământ, astfel încât raza LASER dintre cei doi sateliți să nu atingă niciodată planeta noastră (nici măcar tangenţial).

Dacă el va retransmite energia direct pe Terra nu mai sunt alte condiţii suplimentare de poziţionare a sa. În schimb dacă el va retransmite energia sa concentrată pe Lună atunci va trebui s-o facă intermitent, numai atunci când vectorul dintre el şi lună nu intersectează Pământul absolut deloc.

Energia va putea fi stocată pe lună şi va fi apoi transmisă intermitent sau chiar permanent pe Pământ prin mai multe canale, sub o formă mult diluată (canale multiple de microunde, de energie redusă fiecare).

În acest scop vor fi construite pe Lună baze umane automatizate, multiple.

PARTEA a III-a

Prima sursă de energie
Prima sursă energetică a vieţii

Cercetătorii de la Universitatea din Leeds au descoperit indicii noi privind originile vieţii pe Pământ.

Un compus obscur, cunoscut sub numele de pyrophosphit ar fi putut fi o sursă de energie care a permis prima formă de viaţă de pe Pământ.

Există mai multe teorii (contradictorii) relativ la modul în care a apărut viaţa pe Pământ din materia fără viaţă, cu miliarde de ani în urmă - un proces cunoscut sub numele de abiogeneză.

„Este întrebarea clasică cu ce a apărut mai întâi, oul sau găina", ne spune Dr. Terry Kee, conducătorul grupului de cercetători de la universitatea Leeds. „Oamenii de ştiinţă sunt într-un dezacord total, relativ la care proces fiziologic are întâietatea apariţiei, replicarea sau metabolismul." „Ei uită însă, că există şi o a treia parte a ecuaţiei – energia." „Tot ce este viu necesită o sursă continuă de energie pentru a funcţiona."

Aceasta energie este realizată în cadrul şi în jurul corpurilor noastre, în anumite molecule, cea mai cunoscută fiind * ATP, care transformă căldura de la soare într-o formă de energie utilizabilă pentru animale şi plante.

Lanţul unei astfel de molecule complexe, arată ca în imaginea de mai jos şi poartă denumirea de „Adenosintriphosphat protoniert".

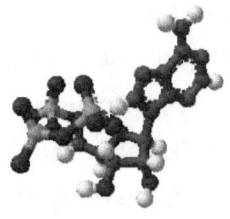

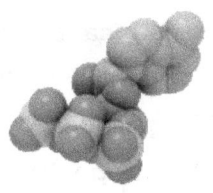

Adenozină-5'-trifosfat (ATP) este un nucleotid

multifuncţional utilizat în celule ca o coenzimă. Acesta este adesea numit "unitatea moleculară a monedei" de transfer de energie intracelulară. ATP transportă energie chimică în şi între celule pentru metabolism. Este produs de photophosphorylation şi de respiraţia celulară şi folosit de enzime şi proteine structurale în multe procese celulare, inclusiv în reacţiile de biosinteză, motilitatea, şi diviziunea celulară. O moleculă de ATP conţine trei grupuri de fosfat, şi este produs de sintetaza ATP din fosfatul anorganic şi adenozinul-difosfat (ADP) sau adenozinul monofosfat (AMP).

Procesele metabolice care utilizează ATP ca sursă de energie se transformă înapoi în precursorii ei. ATP, prin urmare, este în continuă reciclare în organisme: corpul uman, care conţine, în medie, 250 de grame de ATP, transformă din nou în ATP, tot ce depăşeşte propria greutate, în fiecare zi.

ATP este folosit ca un substrat în căile de transducţie a semnalului de kinaze (fosforila proteine şi lipide, precum şi de guanilat ciclază), care folosesc ATP-ul pentru a produce al doilea ciclu de molecule mesager AMP. Raportul dintre ATP şi AMP este folosit ca o modalitate pentru o celulă, pentru a sesiza de câtă energie este disponibilă, şi pentru a controla căile metabolice care produc şi consumă ATP. În afară de rolurile sale în metabolismul energetic şi de semnalizare, ATP este, de asemenea încorporat în acizi nucleici de către polimeraze, în procesele ADNului de reproducere şi transcriere.

Structura acestei molecule constă într-o bază purinică (adenina) ataşată la un atom de carbon 1 al unui zahăr pentos (riboză). Trei grupuri de fosfat sunt ataşate la un atom de carbon 5 de zahăr pentos. Este adăugarea şi eliminarea acestor grupuri de fosfat care inter-convertesc ATP, ADP şi AMP. Când ATP este utilizat în sinteza ADN-ului, zahărul riboză este primul convertit la dezoxiriboză de către ribonucleotidele reductază.

ATP a fost descoperit în 1929 de Karl Lohmann, dar structura sa nu a fost corect stabilită decât câţiva ani mai târziu. ATP a fost propus ca fiind principala moleculă de transfer de energie în celulă, de Fritz Albert Lipmann în 1941. ATP-ul a fost sintetizat în mod artificial pentru prima oară de Alexander Todd în 1948.

În orice moment, corpul uman conţine doar 250g de ATP – această doză oferă aproximativ aceeaşi cantitate de energie ca o singură baterie AA.

Acest magazin ATP este utilizat în mod constant şi regenerat în celule printr-un proces permanent cunoscut sub numele de respiraţie, care este condus de nişte catalizatori naturali numiţi enzime.

Cu alte cuvinte, avem nevoie de enzime pentru producerea de ATP, şi de ATP pentru fabricarea de enzime.

"Întrebarea este: de unde a venit energia, mai înainte ca oricare dintre aceste două lucruri (ATP şi enzimele, care o produc) să existe? Noi credem că răspunsul se află în moleculele simple, cum ar fi pyrophosphitul chimic, care este foarte similar cu ATP, dar are potenţialul de a transfera energie fără necesitatea prezenţei enzimelor." Aceste molecule simple arată clar faptul că enzimele şi dublul proces sunt rezultatul unei evoluţii superioare, în timp. Plecarea s-a făcut numai cu energie şi molecule simple, care apoi au evoluat, complicându-se.

Cheia, pentru proprietăţile baterie - cum ar fi atât ATPul cât şi pyrophosphitul, *este fosforul,* un element esenţial pentru toate lucrurile vii. Nu numai că fosforul este componenta activă a ATPului, dar el realizează de asemenea coloana vertebrală a ADN-ului şi este important în structura pereților celulelor. Altfel spus, construcția celulelor de bază care alcătuiesc toată materia vie, se bazează pe un element cheie, și anume fosforul.

Dar, în ciuda importanței sale pentru viață, nu este încă pe deplin înțeles modul în care fosforul a apărut pentru prima dată în atmosfera noastră. Una dintre teorii este că a fost conținut în mulții meteoriți care s-au ciocnit cu Pământul cu miliarde de ani în urmă.

„Fosforul este prezent într-adevăr în mai multe minerale meteoritice și este posibil ca acestea să fi reacționat pentru a forma pyrophosphite, în condițiile acide vulcanice de pe Pământul timpuriu", a adăugat Dr. Terry Kee.

Descoperirile, publicate în revista „Chemical Communications", sunt primele care să sugereze că pyrophosphit ar fi fost relevant în trecerea de la chimia de bază la biologia complexă atunci când viața de pe pământ a început. Deoarece completând aceste cercetări, Dr. Kee și echipa sa au găsit chiar și dovezi suplimentare pentru importanța acestei molecule, se speră acum ca echipa sa împreună cu cercetători de la NASA să reușească să investigheze și rolul complet al ATP în bio geneză.

Mitocondriile sunt organite celulare întâlnite în toate tipurile de celule. Ele mai sunt denumite și „uzine energetice", fiindcă ele conțin enzimele oxido-reducătoare necesare respirației. Respirația produce energia necesară organismelor, iar această energie este înmagazinată în moleculele de ATP.

Mitocondriile au forma unor vezicule alungite, sunt organite sferice, ovale sau sub formă de bastonase, care sunt formate dintr-o membrană dublă, un sistem de cisterne și tubuli și stromă (matrice). Mitocondriile sunt compuse din:

- înveliș

- membrană externă netedă

- membrană internă pliată, ce formează prin invaginări **criste** care pătrund în stromă fără a o compartimenta complet, mărindu-i foarte mult suprafața. Pe mebrana internă se observă niște granule în care sunt acumulate anumite enzime care intervin în procesele energetice ale celulei.

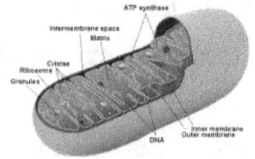

Mitocondriile au material genetic propriu -

ADN-ul mitocondrial - care conține informația genetică necesară pentru sinteza enzimelor respiratorii.

Genetica mitocondriei umane reprezintă studiul de genetică a ADN-ului conținut în mitocondrii umane. Mitocondriile sunt structuri mici conținute în celule, care generează energie utilă pentru celulă, fapt pentru care sunt menționate ca fiind generatorul energetic al celulei.

ADN-ul mitocondrial (mtADN) nu se transmite prin intermediul ADN-ului nuclear (nDNA). La om, ca și la cele mai multe organisme multicelulare, ADN-ul mitocondrial este moștenit numai de la ovulul mamei (deci numai de la mamă).

Moștenirea mitocondrială este, prin urmare, non-mendeliană, o moștenire mendeliană presupunând ca fiecare jumătate din materialul genetic al unui ovul fertilizat (zigotul) să provină de un părinte diferit.

Optzeci la sută din codurile ADN-ului mitocondrial pentru proteine mitocondriale funcționale, și prin urmare cele mai multe mutații de ADN mitocondrial duc la probleme funcționale, care se pot manifesta ca tulburări musculare (miopatii).

Înțelegerea mutațiilor genetice care afectează

mitocondriile ne poate ajuta să înțelegem mecanismele (energetice) interne ale celulelor și organismelor, precum ne pot și sprijini pentru a sugera metode terapeutice noi de succes pentru țesutul muscular și pentru clonarea de organe, și pentru tratamentul multor tulburări musculare devastatoare.

Deoarece acestea oferă 36 molecule de ATP pe molecula de glucoză, în contrast cu cele 2 molecule ATP produse de glicoliză, mitocondriile sunt esențiale pentru toate organismele superioare pentru susținerea vieții.

Bolile mitocondriale reprezintă de fapt cauza bolilor și a dereglărilor genetice, care afectează în special ADN-ul mitocondrial; micile probleme cu una dintre numeroasele enzime utilizate de mitocondrii pot fi devastatoare pentru celulă, și la rândul său, pentru întregul organism. Altfel spus, o problemă minoră manifestată la nivelul mitocondriilor, se poate resimții devastator la nivelul celulei, iar mai departe prin amplificare la nivelul întregului organism.

Aceste dereglări reprezintă în fapt mutațiile genetice, ce se transmit mai departe și la urmași.

Energia transmisă de mitocondrii la nivel celular este vitală pentru organism; atunci când ea scade producându-se oboseala şi îmbătrânirea organismului, iar la epuizarea ei (epuizarea energiei mitocondriilor, adică atunci când ele scad sub un anumit nivel, prag) intervine moartea fizică a organismului respectiv.

ATPul şi mitocondriile reprezintă microuzinele energetice ale celulelor şi organismelor vii. Ele stau şi la baza proceselor energetice şi respiratorii. Cu cât vom putea înţelege mai bine şi controla aceste procese, probabil vom reuşi să ne prelungim viaţa, şi să ne îmbunătăţim sănătatea. În plus imitând aceste mini construcţii, am putea capta direct energia solară.

Biomasa, cea mai veche sursă de energie

Oamenii au început să utilizeze biomasa chiar din ziua în care strămoşii noştrii au descoperit focul şi l-au folosit imediat pentru gătit.

La un milion de ani după apariţia lui *Homo habilis*, în Africa a evoluat un nou hominid, având creierul mai mare. Mergea numai în poziţie bipedă şi a fost numit **Homo erectus**, ceea ce înseamnă în limba latină "om în poziţie verticală". Oamenii din această specie au învăţat să folosească focul, fapt care le-a adus mai mult control asupra vieţii lor.

Găsirea focului

Oamenii din specia Homo erectus nu puteau probabil să aprindă singuri un foc. Însă ei găseau focuri aprinse de fulgerele ce loveau iarba uscată. Se pare că duceau o creangă aprinsă până la peştera sau tabăra lor şi apoi aveau grijă ca focul să nu se stingă zile întregi, sau chiar săptămâni.

Gătirea hranei

Oamenii speciei Homo erectus au descoperit că plantele şi carnea erau mult mai gustoase dacă erau gătite la foc, astfel că au început să-şi gătească mâncarea. Mâncarea gătită este mai uşor de mestecat. Astfel, consumând mâncare gătită, dinţii şi fălcile lor s-au micşorat treptat. Mâncând mai multă carne, trupurile lor au devenit mai puternice şi mai înalte, iar creierele lor au evoluat devenind mai mari.

La căldură și în siguranță

Focul îi asigura lui Homo erectus căldura peste noapte. Era folosit și ca armă de apărare împotriva animalelor periculoase, cărora le era frică de flăcări.

Lumină în întuneric

Având un foc aprins, oamenii puteau să vadă și noaptea. Astfel că ei nu erau nevoiți să se culce la apusul soarelui, spre deosebire de primii hominizi, și puteau să lucreze și noaptea.

Unelte mai bune

Oamenii speciei Homo erectus au folosit focul la făurirea unor unelte mai bune. Au făurit din pietre expuse la căldură unelte numite topoare de mână, care aveau muchii foarte ascuțite.

Cămine

Focul oferea un loc unde oamenii puteau să stea împreună. Puteau astfel să-și facă un cămin oriunde, începând să se stabilească într-o mulțime de locuri diferite. Treptat, au început să se răspândească tot mai departe de Africa.

În acest fel focul s-a răspândit pe toată planeta

noastră.

Practic biomasa este utilizată de atunci şi până în prezent.

Biomasa nu poate fi eliminată imediat, aşa cum îşi doresc unele persoane, din simplul motiv că reprezintă şi azi un procent energetic foarte mare, şi pentru moment omenirea fiind în plină dezvoltare şi expansiune îşi creşte permanent consumurile energetice, fără ca noile surse energetice apărute să aducă procente semnificative, şi asta în condiţiile în care rezervele petroliere sunt pe cale de dispariţie.

Deşi nu s-a spus, şi nu se comunică oficial, din 1970 planeta noastră a intrat într-o semicriză energetică, cu sincope, cu creşteri şi descreşteri, rezolvată local, parţial, dar nu definitiv. Cea mai mare creştere energetică procentuală de atunci şi până acum s-a realizat prin energia nucleară de fisiune (19-20%), şi prin biomasă (circa14%).

Energetica nucleară şi biomasa au reuşit să preia astfel împreună circa 33-34% din consumul energetic mondial.

Ambele sunt surse energetice sustenabile, independente (biomasa fiind şi regenerabilă în totalitate).

Cât au adus celelalte surse adăugate, crescute (chiar forţat) în permanenţă? În general sub 1-1,5%, iar după circa 40 ani de creştere susţinută a lor, de implementare în forţă, au reuşit în 2008-2010 un „colosal" **2%**. Da, dar cu ce costuri? Cu câtă muncă? Cu câtă trudă şi eforturi? Şi chiar şi aşa, inginereşte tot ce este sub 3-5% se consideră o „eroare neglijabilă". „Să judecăm drept!" Am trecut peste criza energetică (sau prin ea) şi nu doar energetică, doar datorită celor două soluţii suplimentare, care ne-au produs în plus circa 33-34% din energiile totale consumate, aducând astfel o reală economie energetică (inclusiv în cea ce priveşte rezervele de petrol şi gaze naturale).

Dar 33-34% reprezintă exact o treime din consumul energetic total. Dacă creştem în continuare aceste două surse până la dublu (67%), fapt care se poate realiza cu uşurinţă, putem apoi să stăm liniştiţi. Consumul de produse petroliere va scădea drastic (viaţa tuturor rezervelor petroliere se va lungi foarte mult), independenţa noastră energetică va fi asigurată pentru foarte mult timp, şi vom putea în linişte („şi nu sub presiune"), să realizăm noi proiecte energetice (de orice fel).

Pentru a realiza proiecte şi strategii energetice pe termen lung, avem nevoie şi de timp, şi de linişte.

Biomasa nu este de fapt nimic altceva decât un cuvânt nou atribuit să desemneze toată masa biologică existentă şi care poate fi creată.

Biomasa este tot ce creşte, sau se produce, şi apoi poate fi ars. Se exceptează petrolul, gazele naturale şi cărbunele, care au fost create în decursul multor milenii, chiar dacă şi ele sunt de fapt tot o biomasă.

Biomasa are actualmente şi sensul de materie producătoare de energii regenerabile, şi sub acest aspect rezervele petroliere şi carbonifere nu pot fi considerate regenerabile şi deci nici biomasă.

Biomasa ia multe forme; enumerăm câteva dintre cele mai cunoscute: lemn, paie trestie bambus şi papură, fân uscat, coceni şi pănuşe de porumb, culturi de verdeţuri uscate inclusiv ierburi, deşeuri biologice, aşchii de lemn, deşeuri de hârtie, reziduuri organice din prelucrarea produselor alimentare, uleiuri vegetale, alge marine uscate, plantaţii de tutun, uleiuri extrase din arahide, etc.

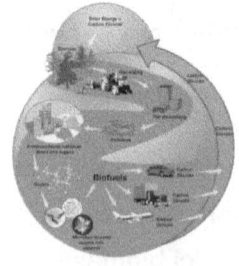

Biomasa poate fi crescută pentru ca apoi să fie arsă (utilizată pe post de combustibil).

În acest caz este preferabil să alegem plante care atunci când ard să aibă o valoare a puterii calorice cât mai ridicată, să crească cât mai repede şi sau cât mai mult, să necesite cât mai puţină fertilizare şi irigare, cultura respectivă să coste cât mai puţin, şi pe cât posibil să nu ocupe suprafeţe prea mari în detrimentul culturilor agricole (reducând astfel terenurile destinate hrănirii populaţiei).

Energiile clasice reprezintă pentru moment dar şi pentru viitorul imediat o rezervă comodă, sigură, şi la îndemână. Biocombustibilii vor fi folosiţi din ce în ce mai mult, aşa cum am făcut-o din cele mai vechi timpuri, atâta vreme cât nu reuşim să descoperim o energie alternativă suficientă, ieftină, comodă, directă, regenerabilă, nepericuloasă, nepoluantă, etc.

Gazele, continuă să fie o rezervă naturală strategică a planetei. Indiferent dacă sunt asociate cu rezervele de petrol, sau se găsesc în zăcăminte separate, ele au jucat un rol esenţial în ultimii circa 150 ani şi vor fi la fel de importante şi pe viitor. Dacă la început erau tratate cu dispreţ, utilizându-se numai petrolul, ele fiind arse sau pur şi simplu împrăştiate în atmosferă, astăzi gazele sunt utilizate atât industrial cât şi pentru nevoile menajere. Ar fi bine să le ardem numai pentru gătit şi încălzirea s-o facem electric sau în alt mod pentru a le consuma în cantităţi mai mici şi a le proteja şi conserva pentru mai mult timp, ne gândim noi toţi de cele mai multe ori; da, dar dacă curentul electric provine nu de la noile tehnologii energetice (solare, eoliene, etc), sau de la hidrocentrale, sau centrale electrice nucleare, atunci curentul electric consumat pentru protejarea rezervelor de gaze naturale provine de cele mai multe ori de la gazele arse (sau petrolul ars) în termocentrale electrice. În acest caz nu va rezulta nici o economie de gaze ci dimpotrivă o creştere a consumului real de gaze naturale arse (datorită şi pierderilor de conversie).

Acelaşi lucru se întâmplă atunci când eliminăm un motor clasic pe benzină, motorină sau gaz, şi-l trecem pe hidrogen ori îl înlocuim cu unul electric.

Autovehiculul consumă curent electric din nişte acumulatori moderni, care se încarcă de la prize (mai modern direct prin unde electromagnetice, sau prin alt sistem fără prize şi conexiuni).

Curentul este produs în proporţie de 66% din arderea gazelor şi sau a petrolului în centralele termice, iar curentul electric solicitat va produce un consum suplimentar de gaze naturale, oricum mai mare decât cel de petrol sau gaze pe care l-ar fi produs motorul clasic de pe autovehiculul respectiv.

În final în loc de o economie de gaze, am produs o gaură suplimentară în rezervele strategice de gaze naturale ale planetei.

Să presupunem că în loc de motorizarea electrică alegem un motor cu hidrogen care să ia locul unuia clasic pe hidrocarburi (petrol, gaze). Energia echivalentă (produsă până la urmă majoritar tot din gaze arse) consumată pentru obţinerea hidrogenului este mai mare decât energia donată de motorul termic cu hidrogen, astfel încât avem deja din start un randament real nefavorabil gazelor, care se vor consuma suplimentar prin înlocuirea efectuată. Însă lucrurile nu se opresc doar aici; în cazul hidrogenului, el trebuie lichefiat şi îmbuteliat, iar energia echivalentă necesară acestei operaţiuni suplimentare este la ora actuală de circa zece ori mai mare decât cea obţinută prin arderea hidrogenului în motorul termic adaptat.

Altfel spus (mai plastic) prin înlocuirea unui motor clasic cu hidrocarburi cu unul electric, consumul echivalent (real) de gaze (şi sau petrol) creşte de circa 1,3 ori în loc să scadă (la scară planetară), iar dacă motorul clasic se va înlocui cu unul pe hidrogen atunci consumul de gaze (sau hidrocarburi arse) va creşte de circa 11,3 ori.

Pentru ca să putem introduce cât mai multe motoare electrice, cu un randament real, şi cu scăderea consumului efectiv de hidrocarburi la scară planetară, este necesară scăderea procentelor de gaze naturale şi petrol utilizate pentru încălzire şi producerea de energie electrică, prin creşterea numărului de centrale nucleare, de centrale eoliene, solare, hidro, etc.

Procedurile nu sunt aşa uşoare cum ar părea la prima vedere, deoarece, atunci când anunţăm cu mândrie că a crescut numărul centralelor eoliene şi solare cu circa 30%, această creştere se raportează la cele existente, şi chiar fără să le mai punem la socoteală pe cele uzate, o creştere de 30% din cele circa 2-3 procente de regenerabile noi existente înseamnă o creştere reală anuală absolută a ponderii planetare a noilor energii regeneabile de la 2-3% la 2,7-4%, adică o creştere în termeni reali a noilor energii de 0,7-1%, care ar însemna foarte puţin în condiţiile menţinerii consumului planetar constant. Dacă consumul planetar ar fi constant cu o creştere anuală de circa 0,7% noile energii ar putea să le înlocuiască pe cele obţinute din arderea hidrocarburilor în circa 95 ani, iar până atunci acestea s-ar putea epuiza cu mult înainte, planeta şi omenirea intrând astfel într-o criză extrem de gravă, care nu ar mai fi doar energetică.

S-ar pune efectiv problema supravieţuirii, a întoarcerii la peşteri, a unor războaie pentru exterminarea rasei umane, care şi aşa nu stă pe loc ci se înmulţeşte permanent solicitând tot mai multe resurse planetare inclusiv energetice.

Problema este mult mai serioasă decât pare la prima vedere, deoarece consumul energetic al planetei nu staţionează nici el ci creşte cu circa 1-3 procente anual.

O creştere a consumului energetic anual al planetei de numai 0,7-1% anulează automat creşterea noilor regenerabile, iar creşterea suplimentară de consum energetic face ca de fapt noile regenerabile să scadă anual în pondere planetară, ajungând de la 4-5% la 2-3% şi probabil chiar mai jos pe viitor, spre uimirea celor care aşteptau să le vadă crescând efectiv deoarece sunt tot mai multe.

Soluţia evidentă este ca noile regenerabile să crească anual într-un ritm şi mai rapid, cel puţin prin dublarea lor anuală, adică raportat la nivelul lor să sufere o creştere anuală nu de 30% ci de minim 100%.

Astfel putem pune planeta pe un făgaş normal, pornind evident de la noi energii regenerabile, nepoluante.

Separat vom utiliza în continuare şi biocombustibilii din ce în ce mai mult, dar şi noi centrale energetice nucleare alături de cele vechi existente.

E bine să creştem şi centralele hidro acolo unde mai este posibil.

Orice nouă sursă energetică e bine venită!

Se anunţă permanent descoperirea unor noi zăcăminte de gaze naturale dar şi de petrol.

Toate trebuiesc luate serios în calcul, raţionalizate, consumate imediat, ori conservate strategic pentru a fi consumate ceva mai târziu. Nici o rezervă descoperită nu trebuie abandonată sau desconsiderată. Cel puţin pentru moment nu ne putem permite a desconsidera rezervele clasice de energie.

„Ce-i în mână nu-i minciună!"

Industria gazelor a trecut într-o nouă etapă, cea a exploatării resurselor neconvenționale. Acestea au transformat SUA în cel mai mare producător de gaze din lume. Estimările instituțiilor de profil arată că rezervele de gaze ale omenirii sunt de fapt cu peste 40% mai mari decât se știa până acum, datorită resurselor neconvenționale.

Nu degeaba gazul natural este numit „aurul albastru". La fel ca și țițeiul, în cazul căruia sinonimul „aurul negru" nu mai miră pe nimeni, gazele au devenit vitale pentru civilizația umană. În trecut, marile explorări vizau descoperiri de petrol și, de multe ori, când se găseau doar gaze, dezamăgirea era profundă, iar gazele erau arse pur și simplu în atmosferă fără nici-un rost. Astăzi se alocă miliarde de euro pe explorări și de zeci de ori mai mult pentru extracția de gaze.

Însă industria a evoluat atât de repede, încât era gazelor tradiționale a fost depășită și acum se extrag deja resurse declarate neconvenționale. Gazele neconvenționale sunt de fapt tot gaze naturale, însă sunt extrase din roci dure și greu de explorat. Prin urmare, spre deosebire de sondele verticale clasice, noua categorie de resurse are nevoie de o altă tehnologie.

SUA, lider mondial în producția de gaze

În ultimii ani, americanii au luat un avans considerabil în această zonă și au dezvoltat echipamente care par de domeniul SF-ului.

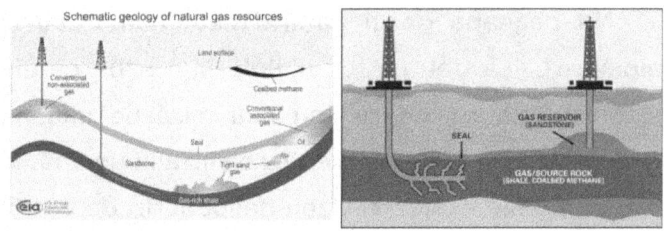

Practic, sondele, după ce străpung vertical solul, sunt introduse orizontal în straturi adânci de roci tari.

Acolo sunt produse fisuri unde se strâng gazele, care sunt apoi colectate și aduse la suprafață.

Tehnologia de ultimă generație permite extracția din șisturi bituminoase, din argilă, din roci nisipoase și din straturi de cărbune.

Se vorbeşte tot mai des despre gazele de şist, cum sunt denumite aceste noi rezerve ultra-strategice (deoarece se extrag şi din şisturile bituminoase).

Oricum ar fi ele vin să mai lungească viaţa rezervelor energetice tradiţionale. Este o bulă de oxigen pentru omenire, deoarece în intervalul de timp câştigat putem încerca şi pune la punct noi tehnologii energetice.

În 2003, Consiliul Naţional de Petrol din SUA estima că America de Nord ar putea avea rezerve de 1,1 trilioane de metri cubi de gaze de şist. În acest an, institutul Advanced Resources International din SUA arăta că de fapt acolo ar putea fi de 50 de ori mai multe resurse.

În luna aprilie, Administraţia pentru Informaţii Energetice din SUA a emis un raport potrivit căruia, din anul 2000 încoace, dezvoltarea sectorului resurselor neconvenţionale a relevat că rezervele de gaze ale omenirii sunt de fapt cu peste 40% mai mari decât se ştia până acum.

Deja, Canada a descoperit gaze de şist, adică gaze neconvenţionale, în Apalaşi şi în Columbia Britanică.

În Polonia se pare se află cele mai mari zăcăminte de gaze de șist din Europa, fiind estimate la 5.300 de miliarde de metri cub.

Iar în Ucraina rezervele de gaz de șist se ridică se pare la cel puțin 30 de trilioane de metri cubi.

O IDEE ÎNDRĂZNEAȚĂ

Planeta noastră conține în interiorul ei o cantitate uriașă de energie. Se presupune chiar că mergând către interiorul planetei, tot mai adânc, ajungem la zone tot mai fierbinți adică la zone vulcanice, vulcanii fiind o manifestare de suprafață de tip supapă a materiei din interiorul planetei noastre. Când se acumulează o cantitate mult prea mare de energie și materie, de gaze și lavă incandescentă, presiunea uriașă suplimentară trebuie eliminată către exterior, fapt ce se produce prin niște supape, de forma unor vulcani, activi (sau inactivi dar cu posibilitatea reactivării lor).

Putem capta, fără a aduce daune planetei mamă pe care locuim toți, o parte din această energie, cel mai simplu prin supapele-vulcani existente. Ar fi posibile și alte metode care presupun însă eforturi mult mai mari, de a pătrunde mult mai adânc în interiorul planetei noastre pentru a încerca extragerea de energie din adâncul ei.

Pot fi imaginate mai multe moduri de a capta o parte din energia interioară a planetei noastre.

O modalitate simplă de exploatare a vulcanilor pentru încălzirea apei circulate prin nişte ţevi speciale trecute prin zonele calde ale vulcanilor a fost deja descrisă anterior.

O altă posibilitate ar fi transformarea căldurii din interiorul vulcanilor direct în energie electrică, care apoi să fie captată, stocată şi distribuită (mult mai simplu decât apa caldă, dar şi cu un randament energetic mult superior).

Se pot imagina şi alte procedee de extragere de energie termică sau electrică din interiorul vulcanilor.

Deşi sunt foarte poluanţi, cărbunii mai trebuie utilizaţi o vreme, menajer (în sobe sau centrale particulare) ori chiar în termocentrale mici, medi sau mari, pentru a mai lungi viaţa petrolului şi a rezervelor de gaze naturale, până când vom realiza un sistem de energii regenerabile suficient de mare la nivel planetar.

PARTEA a IV-a

Expresia conform căreia fotonii de la soare se transformă în electroni, în celulele fotovoltaice sau cum că ei ar putea produce (fabrica) electroni liberi (dinamici) este total greşită. Ea se foloseşte uneori (rapid) chiar şi de către specialişti din domeniile respective.

În realitate fotonul loveşte un atom de materie (substanţă) şi cedează în cele mai multe cazuri toată energia sa (sau o mare parte din ea) atomului respectiv, reuşind în cele mai multe situaţii să elibereze un electron din norul atomului respectiv.

În funcţie de energia pe care o are fotonul incident şi de tipul atomului lovit, pot avea loc mai multe feluri de fenomene în urma ciocnirii.

Probabilitatea absorbţiei fotoelectrice pe unitatea de masă a materialului iradiat este proporţională cu E^3/Z^3, unde Z este numărul atomic al materialului şi E este energia fotonului incident.

În consecinţă absorbţia fotoelectrică creşte

proporţional cu cubul energiei fotonului incident şi invers proporţional cu cubul numărului atomic.

Cu cât fotonul are energie mai mare iar atomii fotovoltaicelor au masă atomică mai mică, creşte probabilitatea realizării absorbţiei totale a fotonului incident.

Fotonul dispare şi îşi cedează întreaga sa energie atomului lovit. De regulă fotonul loveşte (interacţionează cu) norul electronic din jurul atomului, producând eliberarea unui electron ce se rotea în jurul nucleului atomic pe o anumită rază (dată de un anumit nivel cuantic).

Electronul eliberat primeşte toată energia fotonului incident, o parte din ea rupând energia de legătură a electronului în atom, iar restul producând creşterea energiei cinetice a electronului eliberat.

În general mai mare este energia cinetică adăugată, cea de legătură cu atomul fiind mai redusă.

Energia de legătură a electronilor cu nucleul atomului este de ordinul electronvolţilor, şi depinde de numărul atomic Z şi de numărul cuantic n.

Energia de legătură a unui electron pe stratul K (cel mai apropiat de nucleu) creşte cu creşterea numărului atomic Z.

Exemplu: energia de legatură a atomului de Hidrogen pentru stratul K este de 14 eV, dar creşte la 88 keV în cazul Plumbului (şi ajunge la circa 100 keV pentru metalele grele).

Locul electronului eliberat de pe un strat este ocupat automat de un alt electron situat în atom pe nivelul energetic imediat superior, datorită faptului că după pierderea unui electron atomul se excită iar electronul situat pe nivelul energetic imediat superior are tendinţa de a tranzita către nivelul energetic mai mic şi mai stabil, eliberând la rândul lui un alt nivel energetic.

Se produce o nouă excitare a atomului, şi procesul continuă până când se ocupă toate nivelele energetice ale atomului, refăcându-se astfel natural norul electronic al atomului respectiv.

Ultimul loc captează un electron liber, din mediu. Se reface astfel echilibrul atomului în mod natural.

Electronul care a fost smuls atomului porneşte cu viteză pe o traiectorie dată de legea conservării impulsului (şi a energiei). Fiind mai mulţi electroni eliberaţi din atomi, acceleraţi de un câmp electric (de un potenţial electric) se formează un curent electric.

Cum fotonii incidenţi din spectrul luminos vizibil ($4,34*10^{14}$-$6,97*10^{14}$ [Hz]), având energia cuprinsă în domeniul (1,795-2,883 [eV]) nu ar putea rupe nici măcar un electron al unui atom de hidrogen, fotonii incidenţi trebuie să aibă frecvenţe mai ridicate (energii mai mari) pentru a putea rupe electroni atomici.

Sistemele clasice de panouri cu celule fotovoltaice nu reuşeau, cu toate îmbunătăţirile realizate de-a lungul timpului, să dea un randament considerat de 100%, la care numărul de electroni eliberaţi să-l egaleze pe cel al tuturor fotonilor incidenţi.

Foarte recent s-a realizat un nou sistem de panouri fotovoltaice care reuşesc să extragă câte unul sau chiar doi electroni pentru fiecare foton incident.

Se realizează astfel în mod efectiv mai mulţi electroni (în curentul fotoelectronic produs) decât numărul de fotoni incidenţi.

Mecanismul pentru producerea unei eficienţe cuantice de peste 100 la sută, cu fotoni solari, se bazează pe un proces numit generaţia excitonilor multipli (MEG), prin care un singur foton de mare energie absorbit în mod corespunzător poate produce mai mult de un electron eliberat din reţeaua atomică (pe foton absorbit).

Omul de ştiinţă Arthur J. Nozik a prezis pentru prima dată într-o publicaţie din 2001, că sistemul MEG ar putea deveni mai eficient în industria semiconductorilor în puncte cuantice decât în semiconductorii vrac.

Punctele cuantice sunt cristale mici de semiconductoare, cu dimensiuni în nanometri (nm) interval de 1-20 nm, unde 1 nm este egal cu o miliardime dintr-un metru.

La aceste dimensiuni extrem de mici, sistemul are efecte dramatice asupra semiconductorilor (conform teoriei fizicii cuantice).

Vezi: (Octavi E. Semonin, Joseph M. Luther, Sukgeun Choi, Hsiang-Yu Chen, Jianbo Gao, Arthur J. Nozik, Matthew C. Beard, *External Photocurrent Quantum Efficiency Exceeding 100% via MEG in a Quantum Dot Solar Cell*, in Science Magazine-Peak; http://www.sciencemag.org/content/334/6062/1530)

Pentru fotoni incidenţi de frecvenţe ridicate (cu energii ce depăşesc 1MeV/foton incident) ar putea avea loc într-adevăr decăderea fotonului într-o pereche electron-pozitron (procesul invers fenomenului de anihilare), fapt ce ar putea permite să declarăm că fotonul incident s-a transformat într-un electron (şi încă ceva).

Dar chiar şi pentru fotoni incidenţi de asemenea energii ridicate, decăderea estre rară, ea putându-se produce doar atunci când fotonul incident pe atom trece de (străpunge) norul electronic al atomului şi loveşte exact nucleul atomului, nimerind fie un proton ori un neutron, lovind deci un nucleon atomic; se produce aici fenomenul de decădere al fotonului (inversul anihilării), perechea pozitron-electron (ce se naşte din energia fotonului incident care se transformă) cazându-se în cadrul nucleonului respectiv, căruia nu i se va schimba sarcina, dar îi va creşte nesemnificativ masa.

Atât efectul fotoelectric (demonstrat pentru prima oară de Einstein) cât şi formarea de perechi (decăderea fotonului), reprezintă un fenomen de absorbţie a fotonului incident de către atomul lovit, fenomen prin care fotonul incident îşi transferă întreaga sa energie atomului (echivalent unei ciocniri plastice).

Se poate produce însă şi efectul de împrăştiere a fotonului incident de către atomul lovit.

Împrăştierea fotonului incident pe un atom poate fi de două tipuri (coerentă sau Compton).

La împrăştierea coerentă (Thompson) fotonul

emis are aceeaşi fază (frecvenţă şi lungime de undă) cu fotonul incident (ciocnire elastică).

La împrăştierea Compton fotonul emis are frecvenţa mai scăzută comparativ cu fotonul incident, şi evident lungimea de undă creşte de la fotonul incident la cel emis (ciocnire elasto-plastică).

Împrăştierea Compton apare la interacţiunea fotonului cu electronii (slab legaţi) de pe nivelul periferic (de valenţă) al atomului.

O parte din energia fotonului incident este utilizată pentru eliberarea unui electron de pe straturile periferice (electron de recul, electron Compton, care preia energia pierdută de foton) iar fotonul rămas (cu energie mai mică decât a celui incident) este emis (împrăştiat) pe o direcţie diferită de a radiaţiei incidente.

Prin pierderea electronului atomul devine ionizat pozitiv.

Deoarece energia la momentul coliziunii între fotonul incident şi electronul periferic se conservă, energia şi direcţia fotonului emis (împrăştiat) depinde de energia transferată electronului de recul (devine energia cinetică a electronului).

Dacă fotonul incident are energie mare cantitatea de energie pierdută este mică, iar

77

unghiul sub care fotonul emis este împrăştiat, este mic comparativ cu direcţia fotonului incident.

Dacă energia fotonului incident este mică, fotonul emis este împrăştiat aproape isotropic în toate cele trei direcţii ortogonale ale spaţiului. La energii ale radiaţiei X de ordinul a 1MeV (energii utilizate în radioterapie) împrăştierea fotonilor emişi este aproximativ înainte, pe direcţia fotonului incident.

Împrăştierea coerentă apare când un foton de mică energie excită un atom fără pierdere netă de energie (un există energie transferată atomului). Energia fotonului incident este redirecţionată pe o direcţie uşor diferită (energia fotonului reemis este egală cu a celui incident).

La energia radiaţiei X utilizate în roentgendiagnostic contribuţia împrăştierii coerente la interacţiunea cu materia este de aprox. 5%. Probabilitatea acestui proces creşte odată cu creşterea numărului atomic al atomului implicat Z şi odată cu scăderea energiei fotonului incident E.

Se poate observa faptul că din cele patru fenomene posibile descrise, trei produc apariţia de electroni liberi, şi numai unul singur, fenomenul de împrăştiere coerentă (Thompson), nu generează electroni liberi (nu eliberează electroni).

SOS!

Dacă guvernele tuturor ţărilor nu vor lua toate măsurile energetice necesare (în forţă şi în mod constant), riscăm să ajungem la o criză energetică în trepte, care să atingă pe rând diversele ţări ale planetei, cu consecinţe extrem de grave pentru umanitate!

www.ingramcontent.com/pod-product-compliance
Lightning Source LLC
Chambersburg PA
CBHW071612170526
45166CB00003B/1065